Ruby Jindal

# Horizontes Verdes: Traçar um caminho para um futuro sustentável

Ruby Jindal

# Horizontes Verdes: Traçar um caminho para um futuro sustentável

ScienciaScripts

**Imprint**
Any brand names and product names mentioned in this book are subject to trademark, brand or patent protection and are trademarks or registered trademarks of their respective holders. The use of brand names, product names, common names, trade names, product descriptions etc. even without a particular marking in this work is in no way to be construed to mean that such names may be regarded as unrestricted in respect of trademark and brand protection legislation and could thus be used by anyone.

Cover image: www.ingimage.com

This book is a translation from the original published under ISBN 978-620-7-80824-3.

Publisher:
Sciencia Scripts
is a trademark of
Dodo Books Indian Ocean Ltd. and OmniScriptum S.R.L publishing group

120 High Road, East Finchley, London, N2 9ED, United Kingdom
Str. Armeneasca 28/1, office 1, Chisinau MD-2012, Republic of Moldova, Europe
Printed at: see last page
**ISBN: 978-620-7-90140-1**

# Índice

## Prefácio

Bem-vindo a "Horizontes Verdes: Traçando um caminho para um futuro sustentável". Neste livro, embarcamos numa viagem através das complexidades e possibilidades da sustentabilidade, explorando a forma como podemos navegar em direção a um mundo mais verde e mais equitativo. Numa altura em que nos encontramos num momento crucial da história da humanidade, a necessidade de práticas sustentáveis nunca foi tão urgente. As alterações climáticas, o esgotamento dos recursos e a degradação ambiental são questões prementes que exigem uma atenção imediata e uma ação concertada.

Este livro não é apenas uma compilação de factos e números; é um apelo à ação, um projeto de mudança e um testemunho do poder do esforço coletivo. Analisa as várias facetas da sustentabilidade - desde as energias renováveis e as tecnologias verdes até à conservação da biodiversidade e à equidade social - destacando tanto os desafios como as soluções inovadoras.

Cada capítulo foi concebido para inspirar e educar, oferecendo ideias de especialistas, estudos de casos de todo o mundo e medidas práticas que os indivíduos, as comunidades, as empresas e os governos podem adotar para contribuir para um futuro sustentável. O nosso objetivo não é apenas informar, mas também capacitar os leitores para se tornarem agentes de mudança nas suas próprias esferas de influência.

Através das páginas de "Green Horizons", esperamos despertar a paixão pela sustentabilidade, promover uma compreensão mais profunda da sua importância e dotar os leitores dos conhecimentos e ferramentas de que necessitam para tomar decisões informadas que beneficiem tanto as gerações actuais como as futuras.

**Por**

**Dr. Ruby Jindal**

***(Universidade K.R. Mangalam, Gurugram, Haryana, Índia)***

# Capítulo 1: Compreender a sustentabilidade

Na nossa viagem em direção a um futuro sustentável, é crucial compreender primeiro o conceito de sustentabilidade em si. Na sua essência, a sustentabilidade consiste em satisfazer as necessidades do presente sem comprometer a capacidade das gerações futuras de satisfazerem as suas próprias necessidades. Este princípio fundamental, articulado pela Comissão Brundtland em 1987, sublinha a interdependência entre a saúde ambiental, a equidade social e a prosperidade económica.

## Os três pilares da sustentabilidade

A sustentabilidade é frequentemente descrita através da metáfora de três pilares interligados: ambiental, social e económico. Cada pilar representa um aspeto crucial que deve ser equilibrado para alcançar o desenvolvimento sustentável:

1. **Sustentabilidade ambiental**: Este pilar centra-se na manutenção da saúde dos ecossistemas e da biodiversidade, na minimização do esgotamento dos recursos, na redução da poluição e dos resíduos e na atenuação dos impactos das alterações climáticas. As principais estratégias incluem a promoção de fontes de energia renováveis, a conservação dos recursos naturais, a adoção de práticas agrícolas sustentáveis e a preservação dos habitats.
2. **Sustentabilidade social**: A garantia da equidade social, da justiça e da inclusão de todos os indivíduos e comunidades é fundamental para este pilar. Engloba questões como o acesso a cuidados de saúde, educação, habitação e direitos humanos básicos. A sustentabilidade social também enfatiza o envolvimento da comunidade, a preservação cultural e a melhoria da qualidade de vida para as gerações actuais e futuras.
3. **Sustentabilidade económica**: Este pilar sublinha a necessidade de sistemas económicos que apoiem o bem-estar a longo prazo, respeitando os limites ambientais e promovendo a equidade social. Envolve a promoção de tecnologias verdes, o investimento em infra-estruturas de energia limpa, a promoção de práticas comerciais justas e a transição para economias circulares que minimizem os resíduos e maximizem a eficiência dos recursos.

## Interligação e pensamento sistémico

Um aspeto crítico da compreensão da sustentabilidade é o reconhecimento da interconexão destes pilares. As acções numa área afectam inevitavelmente as outras, criando complexos ciclos de feedback e dependências. Por exemplo, as decisões económicas têm impacto na saúde ambiental, enquanto as políticas sociais influenciam as oportunidades e os resultados económicos. Esta interligação exige uma abordagem holística e sistémica da resolução de problemas e da tomada de decisões.

## Desafios e oportunidades

Apesar da crescente consciencialização e dos progressos nos esforços de sustentabilidade, subsistem desafios significativos. Estes incluem desigualdades socioeconómicas enraizadas, inércia política, pensamento a curto prazo nas empresas e nas políticas e questões de coordenação global. No entanto, no âmbito destes desafios existem oportunidades de inovação, colaboração e mudança transformadora.

## O papel dos indivíduos e das comunidades

Os indivíduos e as comunidades desempenham um papel fundamental na promoção da sustentabilidade. Ao adoptarem estilos de vida sustentáveis, ao apoiarem iniciativas locais, ao defenderem a mudança de políticas e ao participarem em acções colectivas, podem impulsionar um progresso significativo em direção a um futuro sustentável. Os movimentos de base, as escolhas dos consumidores e os projectos liderados pela comunidade são catalisadores essenciais para a mudança sistémica.

## Conclusão

À medida que nos aprofundamos nos meandros da sustentabilidade nos capítulos seguintes, lembre-se de que a compreensão dos seus princípios fundamentais e inter-relações é fundamental para a definição de estratégias e soluções eficazes. A sustentabilidade não é apenas uma aspiração, mas uma necessidade para salvaguardar o nosso planeta e melhorar o bem-estar humano. Juntos, podemos forjar um caminho para um futuro em que a gestão ambiental, a equidade social e a prosperidade económica coexistam harmoniosamente.

## Capítulo 2: Energias renováveis: Alimentar futuros sustentáveis

Na nossa procura de sustentabilidade, a energia desempenha um papel fundamental, tanto como motor do crescimento económico como como contribuinte significativo para o impacto ambiental. O Capítulo 2 explora o potencial transformador das fontes de energia renováveis no avanço para um futuro sustentável.

### O imperativo das energias renováveis

As fontes de energia renováveis, como a solar, a eólica, a hidroelétrica, a geotérmica e a biomassa, oferecem uma alternativa convincente aos combustíveis fósseis. Ao contrário das reservas finitas de combustíveis fósseis, as energias renováveis provêm de fontes que se reabastecem naturalmente, o que as torna cruciais para a redução das emissões de gases com efeito de estufa, o reforço da segurança energética e a atenuação das alterações climáticas.

### Vantagens das energias renováveis

1. **Benefícios ambientais**: As energias renováveis produzem poucas ou nenhumas emissões de gases com efeito de estufa e reduzem significativamente a poluição do ar e da água em comparação com os combustíveis fósseis. Ajuda a preservar a biodiversidade, protege os ecossistemas e minimiza a degradação ambiental associada às indústrias extractivas.
2. **Segurança energética**: Ao diversificar as fontes de energia, as energias renováveis aumentam a segurança energética e a resistência contra os riscos geopolíticos e a volatilidade dos preços nos mercados de combustíveis fósseis. Os sistemas localizados de energia renovável permitem que as comunidades se tornem mais auto-suficientes e menos dependentes da energia importada.
3. **Oportunidades económicas**: O sector das energias renováveis promove a criação de emprego, estimula o crescimento económico e atrai investimentos em tecnologias limpas. Oferece oportunidades para a inovação, o empreendedorismo e o desenvolvimento de indústrias verdes que contribuem para os objectivos de desenvolvimento sustentável.

### Avanços tecnológicos

Os avanços tecnológicos no domínio das energias renováveis melhoraram significativamente a eficiência, a acessibilidade económica e a escalabilidade. As inovações na energia solar fotovoltaica (PV), nas turbinas eólicas, nos sistemas de armazenamento de energia e nas tecnologias de redes inteligentes aceleraram a integração das energias renováveis nos principais sistemas energéticos a nível mundial.

## Quadros políticos e regulamentares

A existência de quadros políticos e incentivos regulamentares eficazes é essencial para acelerar a implantação das energias renováveis. Estes incluem tarifas de alimentação, incentivos fiscais, normas de carteira de energias renováveis, mecanismos de fixação do preço do carbono e subsídios que nivelam as condições de concorrência e promovem o investimento em infra-estruturas de energias limpas.

## Desafios e soluções

Apesar do rápido crescimento das energias renováveis, persistem vários desafios:

1. **Intermitência e armazenamento**: A resolução do problema da intermitência das fontes renováveis, como a solar e a eólica, exige avanços nas tecnologias de armazenamento de energia e soluções de integração na rede para garantir um fornecimento de eletricidade fiável e estável.
2. **Investimento e financiamento**: O acesso a financiamento acessível e a capital de investimento continua a ser um obstáculo, sobretudo nos países em desenvolvimento. Os modelos de financiamento inovadores, as parcerias público-privadas e a cooperação internacional são fundamentais para ultrapassar os obstáculos financeiros.
3. **Modernização da infraestrutura e da rede**: A atualização da infraestrutura envelhecida e a modernização dos sistemas de rede para acomodar as entradas variáveis de energia renovável são cruciais para maximizar os benefícios da energia renovável, assegurando simultaneamente a estabilidade e a fiabilidade da rede.

## Perspectivas globais e estudos de caso

A análise de transições bem sucedidas das energias renováveis e de estudos de caso de todo o mundo fornece informações valiosas sobre a eficácia das políticas, a inovação tecnológica e o envolvimento da comunidade. Países como a Alemanha, a Dinamarca e a China demonstraram liderança na adoção de energias renováveis através de objectivos ambiciosos, políticas de apoio e investimentos estratégicos.

## Conclusão

As energias renováveis representam uma pedra angular do desenvolvimento sustentável, oferecendo uma via para um futuro energético mais limpo, mais resiliente e equitativo. Aproveitando o poder dos recursos renováveis e alavancando inovações tecnológicas e políticas de apoio, podemos acelerar a transição energética global e mitigar os impactos das alterações climáticas. A adoção das energias renováveis não é apenas um imperativo ambiental, mas também um catalisador para a prosperidade económica, a independência energética e a equidade social.

# Capítulo 3: Conservação da biodiversidade e utilização sustentável dos solos

A biodiversidade - a variedade de vida na Terra, incluindo ecossistemas, espécies e diversidade genética - é fundamental para o bem-estar humano e a saúde do planeta. O Capítulo 3 analisa a importância da conservação da biodiversidade e das práticas de utilização sustentável dos solos como componentes essenciais para alcançar a sustentabilidade.

## A importância da biodiversidade

A biodiversidade suporta serviços ecossistémicos essenciais que sustentam a vida na Terra. Estes serviços incluem:

1. **Estabilidade do ecossistema**: Os ecossistemas biodiversos são mais resistentes a perturbações como as alterações climáticas, as doenças e as catástrofes naturais. Proporcionam estabilidade e adaptabilidade face às alterações ambientais.
2. **Polinização e segurança alimentar**: Muitas culturas dependem de polinizadores, como as abelhas e as borboletas. A biodiversidade nas paisagens agrícolas melhora os serviços de polinização, melhora o rendimento das culturas e garante a segurança alimentar das comunidades.
3. **Qualidade da água e do ar**: Os ecossistemas saudáveis contribuem para a limpeza do ar e da água, filtrando os poluentes, regulando o fluxo de água e capturando o dióxido de carbono, atenuando assim os impactos das alterações climáticas.
4. **Valor cultural e espiritual**: A biodiversidade está entrelaçada com identidades e tradições culturais em todo o mundo. As comunidades indígenas e locais dependem da biodiversidade para práticas culturais, medicamentos e meios de subsistência.

## Ameaças à biodiversidade

Apesar da sua importância, a biodiversidade enfrenta ameaças sem precedentes, principalmente devido às actividades humanas:

1. **Perda e fragmentação do habitat**: A desflorestação, a urbanização e o desenvolvimento de infra-estruturas fragmentam os habitats, levando à perda de biodiversidade e à perturbação dos processos ecológicos.
2. **Alterações climáticas**: O aumento das temperaturas, a alteração dos padrões de precipitação e os fenómenos meteorológicos

extremos ameaçam a sobrevivência das espécies, perturbam os ecossistemas e agravam a perda de habitats.

3. **Espécies invasoras**: As espécies não nativas introduzidas intencionalmente ou não podem competir com as espécies nativas, perturbar os ecossistemas e contribuir para a perda de biodiversidade.
4. **Sobre-exploração**: A exploração insustentável da vida selvagem, da pesca e dos recursos florestais ameaça as populações de espécies e compromete a saúde dos ecossistemas.

### Práticas sustentáveis de utilização dos solos

A conservação eficaz da biodiversidade exige a integração de práticas sustentáveis de utilização dos solos que equilibrem objectivos ecológicos, económicos e sociais:

1. **Áreas Protegidas e Reservas de Conservação**: O estabelecimento e a gestão eficaz de áreas protegidas, parques nacionais e reservas marinhas salvaguardam a biodiversidade e proporcionam habitats para a vida selvagem.
2. **Agricultura sustentável**: A adoção de práticas agroecológicas, como a agricultura biológica, a agrofloresta e a gestão integrada de pragas, minimiza o impacto ambiental, melhora a saúde dos solos e preserva a biodiversidade nas paisagens agrícolas.
3. **Restauração de florestas e habitats**: A recuperação de ecossistemas degradados através de projectos de reflorestação, florestação e recuperação de habitats aumenta a biodiversidade, sequestra carbono e melhora a resistência dos ecossistemas.
4. **Conservação com base na comunidade**: O envolvimento das comunidades locais nos esforços de conservação, respeitando os conhecimentos indígenas e apoiando meios de subsistência sustentáveis, promove a gestão e assegura o sucesso da conservação a longo prazo.

### Política e governação

A conservação eficaz da biodiversidade exige quadros políticos sólidos, cooperação internacional e mecanismos de governação:

1. **Objectivos e acordos em matéria de biodiversidade**: Os acordos internacionais, como a Convenção sobre a Diversidade Biológica (CDB), estabelecem objectivos de biodiversidade e promovem esforços de conservação a nível mundial.
2. **Leis e Regulamentos Ambientais**: A aplicação de leis que protegem a vida selvagem, regulam o uso da terra e evitam a

destruição do habitat é essencial para a conservação da biodiversidade.

3. **Incentivos financeiros**: A concessão de incentivos financeiros, subvenções e subsídios para práticas favoráveis à biodiversidade incentiva a gestão sustentável das terras e os esforços de conservação.

## Estudos de caso e histórias de sucesso

A análise de iniciativas bem sucedidas de conservação da biodiversidade e estudos de caso - desde as Ilhas Galápagos ao programa de Pagamento por Serviços de Ecossistema (PES) da Costa Rica - ilustra estratégias eficazes, envolvimento da comunidade e impactos políticos.

## Conclusão

A conservação da biodiversidade e as práticas sustentáveis de utilização dos solos são fundamentais para preservar o património natural da Terra, apoiar os serviços dos ecossistemas e promover o bem-estar humano. Ao adotar abordagens holísticas que integram a conservação com objectivos de desenvolvimento sustentável, podemos salvaguardar a biodiversidade, atenuar os impactos das alterações climáticas e garantir um futuro resiliente para as gerações vindouras.

## Capítulo 4: Desenvolvimento urbano sustentável e infra-estruturas resilientes

A urbanização é uma caraterística marcante do século XXI, com mais de metade da população mundial a viver atualmente em cidades. O Capítulo 4 explora os desafios e as oportunidades do desenvolvimento urbano sustentável, salientando a importância de infra-estruturas resilientes na criação de cidades habitáveis, equitativas e amigas do ambiente.

### Tendências e desafios da urbanização

1. **Rápido crescimento urbano**: As cidades estão a expandir-se a um ritmo sem precedentes, exercendo pressão sobre as infra-estruturas, os recursos e os ecossistemas. Gerir o crescimento urbano de forma sustentável é essencial para evitar a degradação ambiental e a desigualdade social.
2. **Impactos ambientais**: As zonas urbanas contribuem significativamente para as emissões de carbono, a poluição atmosférica, a produção de resíduos e o consumo de recursos. A resolução destes impactos é fundamental para atenuar as alterações climáticas e melhorar a saúde pública.
3. **Desigualdades sociais**: A urbanização pode exacerbar as disparidades socioeconómicas, conduzindo a um acesso desigual à habitação, aos cuidados de saúde, à educação e às oportunidades de emprego. O desenvolvimento urbano sustentável tem como objetivo promover a inclusão social e o acesso equitativo aos recursos.

### Princípios do desenvolvimento urbano sustentável

1. **Desenvolvimento compacto e de uso misto**: A promoção de bairros compactos e transitáveis com usos mistos do solo reduz a expansão urbana, minimiza as emissões dos transportes e melhora a conetividade da comunidade.
2. **Infra-estruturas verdes**: A integração de espaços verdes, parques, florestas urbanas e telhados verdes no planeamento urbano atenua os efeitos da ilha de calor, melhora a qualidade do ar e aumenta a biodiversidade.
3. **Transportes eficientes**: Dar prioridade aos transportes públicos, às infra-estruturas para ciclistas e aos projectos amigos dos peões reduz a dependência dos veículos privados, diminui as emissões de carbono e promove estilos de vida mais saudáveis.

4. **Edifícios energeticamente eficientes**: A aplicação de códigos de construção energeticamente eficientes, a promoção de práticas de construção ecológicas e a adoção de tecnologias de energias renováveis na construção urbana minimizam o consumo de energia e as emissões de gases com efeito de estufa.

**Infra-estruturas resilientes**

1. **Conceção resiliente ao clima**: A conceção de infra-estruturas que resistam aos impactos das alterações climáticas, tais como fenómenos meteorológicos extremos, subida do nível do mar e ondas de calor, garante a funcionalidade a longo prazo e reduz a vulnerabilidade.
2. **Infra-estruturas inteligentes e adaptáveis**: A implementação de tecnologias inteligentes e de soluções de infra-estruturas adaptáveis, tais como sistemas de energia descentralizados e estratégias de gestão da água, aumenta a resiliência e a eficiência.
3. **Gestão integrada da água**: A implementação de práticas sustentáveis de gestão da água, incluindo a recolha de águas pluviais, sistemas de reutilização da água e infra-estruturas verdes para águas pluviais, atenua os riscos de inundação e aumenta a segurança da água.

**Política e governação**

1. **Planeamento e ordenamento urbano**: A implementação de estratégias abrangentes de planeamento urbano, regulamentos de zonamento e políticas de utilização dos solos que dêem prioridade à sustentabilidade e à resiliência são essenciais para orientar o crescimento urbano.
2. **Parcerias e envolvimento das partes interessadas**: A colaboração com as comunidades locais, as empresas, o meio académico e as organizações não governamentais promove processos de tomada de decisão inclusivos e garante que são consideradas diversas perspectivas.
3. **Mecanismos de financiamento**: A mobilização de investimentos públicos e privados, o acesso ao financiamento climático e a exploração de mecanismos de financiamento inovadores apoiam projectos e iniciativas de infra-estruturas urbanas sustentáveis.

**Estudos de caso e melhores práticas**

A análise de iniciativas de desenvolvimento urbano sustentável bem sucedidas e de estudos de casos - desde cidades verdes como Copenhaga e

Singapura até distritos ecológicos na América do Norte - demonstra estratégias eficazes, envolvimento da comunidade e impactos políticos.

## Conclusão

O desenvolvimento urbano sustentável e as infra-estruturas resilientes são essenciais para criar cidades ambientalmente sustentáveis, socialmente inclusivas, economicamente vibrantes e resistentes a desafios futuros. Ao integrar princípios de sustentabilidade no planeamento urbano, ao conceber infra-estruturas resistentes e ao promover a colaboração entre as partes interessadas, as cidades podem tornar-se centros de inovação e modelos de vida sustentável para o futuro.

## Capítulo 5: Consumo e produção sustentáveis

Na prossecução da sustentabilidade, é crucial a mudança para padrões de consumo e produção sustentáveis (CPS). Este capítulo explora os desafios interligados da utilização de recursos, da produção de resíduos e da promoção de economias circulares para atingir os objectivos globais de sustentabilidade.

### Compreender o consumo e a produção sustentáveis

1. **Eficiência dos recursos**: O consumo e a produção sustentáveis têm como objetivo maximizar a eficiência dos recursos ao longo do ciclo de vida dos produtos e serviços. Isto implica reduzir a extração de recursos, minimizar a produção de resíduos e otimizar a utilização de recursos através da conceção ecológica e da inovação.
2. **Pensamento do ciclo de vida**: A adoção de uma abordagem de ciclo de vida considera os impactos ambientais, sociais e económicos dos produtos desde a extração da matéria-prima, fabrico, distribuição, utilização e eliminação ou reciclagem. A tónica é colocada na redução dos encargos ambientais em todas as fases.
3. **Economia circular**: O conceito de economia circular promove o fecho do ciclo dos fluxos de recursos, eliminando os resíduos e a poluição, mantendo os produtos e materiais em utilização e regenerando os sistemas naturais. Contrasta com a economia linear tradicional de "pegar-fazer-descartar".

### Desafios do consumo e da produção insustentáveis

1. **Esgotamento de recursos**: O consumo insustentável esgota os recursos naturais finitos, como os minerais, os combustíveis fósseis e a água, pondo em risco os ecossistemas e a capacidade de as gerações futuras satisfazerem as suas necessidades.
2. **Produção de resíduos**: A rápida urbanização e industrialização levaram a um aumento da produção de resíduos, incluindo resíduos perigosos e electrónicos, contribuindo para a poluição, o transbordamento dos aterros e a degradação ambiental.
3. **Emissões de gases com efeito de estufa**: A produção e o consumo de bens e serviços são os principais factores que contribuem para as emissões de gases com efeito de estufa, impulsionando as alterações climáticas e os seus impactos associados.

### Estratégias para um consumo e produção sustentáveis

1. **Conceção e inovação de produtos**: A promoção de princípios de conceção ecológica, como a utilização de materiais reciclados, a conceção para durabilidade e reparabilidade e a minimização dos resíduos de embalagens, reduz o impacto ambiental e aumenta a longevidade dos produtos.
2. **Eficiência de recursos e produção mais limpa**: A implementação de tecnologias eficientes em termos de recursos, processos de fabrico eficientes em termos energéticos e a adoção de práticas de aquisição sustentáveis reduzem o consumo de recursos e minimizam a pegada ambiental.
3. **Mudança de comportamento do consumidor**: A educação dos consumidores sobre estilos de vida sustentáveis, a promoção de escolhas de consumo responsáveis e o fomento de uma cultura de reutilização, reparação e reciclagem permitem que os indivíduos reduzam o seu impacto ambiental.

**Promover as economias circulares**

1. **Gestão de resíduos e reciclagem**: A melhoria dos sistemas de gestão de resíduos, a promoção de infra-estruturas de reciclagem e o incentivo à utilização de materiais reciclados fecham o ciclo dos fluxos de recursos e reduzem os resíduos depositados em aterros.
2. **Responsabilidade alargada do produtor (EPR)**: A implementação de políticas de EPR exige que os fabricantes assumam a responsabilidade por todo o ciclo de vida dos seus produtos, incluindo a recolha, reciclagem e eliminação, incentivando práticas sustentáveis.
3. **Economia de partilha e consumo colaborativo**: A adoção de plataformas de partilha, modelos de consumo colaborativo e abordagens de produto como serviço (PaaS) promovem o acesso em detrimento da propriedade, reduzindo o consumo de recursos e promovendo estilos de vida sustentáveis.

**Instrumentos de política e governação**

1. **Quadros regulamentares**: Adoção e aplicação de regulamentos, normas e sistemas de rotulagem ecológica que promovam práticas de produção sustentáveis, reduzam os resíduos e atenuem o impacto ambiental.
2. **Instrumentos baseados no mercado**: A aplicação de instrumentos económicos, como a tarifação do carbono, os impostos ecológicos, os subsídios às tecnologias sustentáveis e as políticas de contratos públicos ecológicos, incentiva as empresas e os consumidores a adoptarem práticas sustentáveis.

3. **Cooperação internacional**: A facilitação de parcerias globais, a partilha de conhecimentos e as iniciativas de reforço de capacidades apoiam os países em desenvolvimento na transição para padrões de consumo e produção sustentáveis.

## Estudos de caso e histórias de sucesso

A exploração de iniciativas e estudos de casos bem sucedidos de CPS - desde os sistemas suecos de produção de energia a partir de resíduos até às práticas japonesas de produção eficiente em termos de recursos - demonstra estratégias eficazes, impactos políticos e lições aprendidas.

## Conclusão

Alcançar padrões de consumo e produção sustentáveis é essencial para enfrentar desafios globais como o esgotamento de recursos, a produção de resíduos e as alterações climáticas. Ao adotar os princípios da economia circular, promover a eficiência dos recursos e fomentar um comportamento responsável dos consumidores, podemos fazer a transição para um futuro mais sustentável e resiliente para todos.

## Capítulo 6: Educação, sensibilização e mudança social para a sustentabilidade

A educação e a consciencialização desempenham um papel fundamental na formação de atitudes, comportamentos e normas sociais em relação à sustentabilidade. O Capítulo 6 explora a forma como a promoção de uma cultura global de sustentabilidade através da educação, de campanhas de sensibilização e do envolvimento da sociedade pode capacitar os indivíduos e as comunidades para contribuírem para um futuro sustentável.

### Importância da educação e da sensibilização

1. **Capacitar os indivíduos**: A educação equipa os indivíduos com conhecimentos, competências e valores necessários para compreenderem os complexos desafios da sustentabilidade, tomarem decisões informadas e agirem no sentido de uma mudança positiva.
2. **Mudança de comportamento**: As campanhas de sensibilização aumentam a consciencialização para as questões ambientais, promovem estilos de vida sustentáveis e incentivam padrões de consumo e produção responsáveis.
3. **Criação de capacidades**: As iniciativas de educação e sensibilização reforçam a capacidade da sociedade para a inovação, a resiliência e a adaptação aos impactes das alterações climáticas, promovendo uma cultura de sustentabilidade.

### Educação formal e informal

1. **Educação formal**: A integração da sustentabilidade nos currículos escolares a todos os níveis - desde o ensino primário ao ensino superior - garante que as gerações futuras estejam equipadas com literacia ambiental, competências de pensamento crítico e um sentido de cidadania global.
2. **Aprendizagem experimental**: As experiências práticas, as visitas de estudo e a aprendizagem baseada em projectos permitem que os alunos apliquem os princípios da sustentabilidade em contextos do mundo real, fomentando a criatividade e a capacidade de resolução de problemas.
3. **Aprendizagem ao longo da vida**: A promoção de oportunidades de aprendizagem contínua para profissionais, decisores políticos e público em geral, através de workshops, seminários e cursos em

linha, aumenta o conhecimento sobre sustentabilidade e promove a melhoria contínua.

## Campanhas de sensibilização e estratégias de comunicação

1. **Envolvimento do público**: O envolvimento de diversas partes interessadas através de campanhas multimédia, redes sociais, eventos comunitários e fóruns públicos aumenta a sensibilização, mobiliza o apoio e promove a ação colectiva para a sustentabilidade.
2. **Narração de histórias e defesa de causas**: A partilha de histórias de sucesso, estudos de casos e testemunhos de campeões da sustentabilidade inspira e motiva os indivíduos e as comunidades a adoptarem práticas sustentáveis e a defenderem a mudança de políticas.
3. **Nudges comportamentais**: A utilização de conhecimentos comportamentais, tais como normas sociais, incentivos e mecanismos de feedback, encoraja comportamentos sustentáveis como a conservação de energia, a redução de resíduos e escolhas de transportes sustentáveis.

## Mudança social e ação colectiva

1. **Parcerias de colaboração**: A criação de parcerias entre governos, empresas, universidades, organizações da sociedade civil e comunidades promove a colaboração, a inovação e a responsabilidade partilhada pela sustentabilidade.
2. **Influência política**: A defesa de reformas políticas, regulamentos e incentivos que apoiem os objectivos de sustentabilidade garante uma mudança sistémica e promove a responsabilização entre as partes interessadas.
3. **Mudanças culturais**: A promoção de valores culturais, tradições e sistemas de conhecimento indígenas que dão prioridade à gestão ambiental e à equidade social promove uma abordagem holística da sustentabilidade.

## Iniciativas globais e melhores práticas

1. **Objectivos de Desenvolvimento Sustentável (ODS) da ONU**: Os ODS fornecem um quadro universal para enfrentar desafios interligados, como a pobreza, a desigualdade, as alterações climáticas e a degradação ambiental, através da educação e da ação colectiva.
2. **Movimentos locais e globais**: Os movimentos de base, o ativismo juvenil e as campanhas globais, como o Dia da Terra e o Dia

Mundial do Ambiente, mobilizam as comunidades de todo o mundo para defenderem práticas sustentáveis e mudanças políticas.

## Desafios e oportunidades

1. **Superar a resistência**: Para combater o ceticismo, a desinformação e a inércia em relação à mudança, é necessária uma comunicação direccionada, uma defesa baseada em provas e um diálogo inclusivo entre as diversas partes interessadas.
2. **Aumentar o impacto**: A expansão de iniciativas bem sucedidas de educação e sensibilização, a utilização de tecnologias digitais e o alargamento do alcance a comunidades carenciadas amplificam o impacto e promovem transições globais de sustentabilidade.

## Conclusão

A educação, a sensibilização e o envolvimento da sociedade são catalisadores de mudanças transformadoras no sentido da sustentabilidade. Ao fomentar uma cultura de sustentabilidade através da educação, da promoção de campanhas de sensibilização e da mobilização de acções colectivas, os indivíduos e as comunidades podem contribuir para a construção de um mundo resiliente, equitativo e próspero para as gerações futuras.

## Capítulo 7: Tecnologia e inovação para o desenvolvimento sustentável

A tecnologia e a inovação são fundamentais para enfrentar os desafios globais da sustentabilidade, desde as alterações climáticas à escassez de recursos. O Capítulo 7 explora o papel transformador da tecnologia e da inovação na promoção do desenvolvimento sustentável, apresentando avanços nas energias renováveis, na adaptação às alterações climáticas, na agricultura sustentável e muito mais.

### Aproveitamento das energias renováveis

1. **Energia solar**: Os avanços na tecnologia solar fotovoltaica (PV) fizeram baixar os custos, tornando a energia solar cada vez mais competitiva e escalável. As inovações em painéis solares, sistemas de armazenamento de energia e parques solares contribuem para uma transição para a energia limpa.
2. **Energia eólica**: Os parques eólicos offshore e as turbinas eólicas da próxima geração aproveitam os ventos fortes para gerar eletricidade de forma eficiente. As melhorias tecnológicas na conceção das turbinas, nos materiais das pás e na integração na rede aumentam a fiabilidade e a capacidade da energia eólica.
3. **Energia hidroelétrica**: A modernização das instalações hidroeléctricas com turbinas amigas dos peixes e sistemas de gestão de sedimentos minimiza os impactos ambientais e maximiza a produção de energia renovável.

### Tecnologias de adaptação às alterações climáticas

1. **Agricultura resistente ao clima**: A agricultura de precisão, as culturas resistentes à seca e as técnicas de gestão dos solos aumentam a produtividade agrícola, conservando simultaneamente os recursos hídricos e os solos face à variabilidade climática.
2. **Gestão da água**: Sistemas de irrigação inteligentes, recolha de águas pluviais e tecnologias descentralizadas de tratamento de água garantem a segurança e a eficiência da água em ambientes urbanos e rurais.
3. **Serviços de informação climática**: A deteção remota, os dados de satélite e a modelização do clima fornecem informações atempadas para a gestão dos riscos climáticos, a preparação para catástrofes e o planeamento da adaptação.

### Infra-estruturas urbanas sustentáveis

1. **Cidades inteligentes**: O planeamento urbano integrado, os sensores IoT (Internet das Coisas) e a análise de dados optimizam a

utilização dos recursos, aumentam a mobilidade e melhoram a resiliência urbana aos impactos climáticos.

2. **Edifícios verdes**: A conceção de edifícios energeticamente eficientes, o aquecimento solar passivo e os telhados verdes reduzem o consumo de energia e as emissões de carbono nas zonas urbanas.
3. **Inovações nos transportes**: Os veículos eléctricos (VE), os programas de partilha de bicicletas e as soluções de transporte sustentáveis promovem a mobilidade com baixas emissões de carbono e reduzem a poluição atmosférica nas cidades.

**Inovações da economia circular**

1. **Gestão de resíduos**: As tecnologias de reciclagem, os sistemas de valorização energética de resíduos e as instalações inovadoras de recuperação de materiais (MRF) desviam os resíduos dos aterros e promovem a recuperação de recursos.
2. **Gestão do ciclo de vida do produto**: Os princípios de design "do berço ao berço", a reciclagem em circuito fechado e as embalagens ecológicas minimizam a produção de resíduos e incentivam o consumo sustentável.
3. **Plataformas de economia de partilha**: Os modelos de consumo colaborativo, as plataformas de partilha entre pares e as iniciativas de produto como serviço (PaaS) reduzem o consumo de recursos e promovem o acesso em detrimento da propriedade.

**Tecnologias emergentes para a sustentabilidade**

1. **Cadeia de blocos**: A transparência e a rastreabilidade nas cadeias de abastecimento, o comércio de carbono e os mercados de energias renováveis promovem a responsabilização e a confiança nas iniciativas de sustentabilidade.
2. **Inteligência Artificial (IA)**: As análises baseadas em IA optimizam a eficiência energética, prevêem os impactos climáticos e melhoram a gestão dos recursos naturais.
3. **Biotecnologia**: Os materiais de base biológica, as práticas agrícolas sustentáveis e as tecnologias de bioremediação oferecem alternativas ecológicas aos produtos e processos convencionais.

**Política e estratégias de investimento**

1. **Financiamento da inovação**: As parcerias público-privadas, os investimentos de capital de risco e os mecanismos de financiamento ecológico apoiam a investigação, o desenvolvimento e a implantação de tecnologias sustentáveis.

2. **Apoio regulamentar**: O estabelecimento de normas, incentivos e mecanismos de fixação de preços do carbono encoraja a inovação do sector privado e a adoção de tecnologias sustentáveis.
3. **Colaboração internacional**: As parcerias globais, os acordos de transferência de tecnologia e as iniciativas de partilha de conhecimentos facilitam soluções escaláveis para os desafios globais da sustentabilidade.

## Conclusão

A tecnologia e a inovação são ferramentas indispensáveis para alcançar os objectivos de desenvolvimento sustentável, promover a resiliência e reduzir o impacto ambiental. Aproveitando o poder dos avanços tecnológicos, promovendo ecossistemas de inovação e aumentando as soluções sustentáveis, podemos abrir caminho para um futuro mais sustentável e próspero para todos.

# Capítulo 8: Governação, quadros políticos e cooperação internacional para a sustentabilidade

Uma governação eficaz, quadros políticos sólidos e cooperação internacional são essenciais para acelerar a transição global para a sustentabilidade. O Capítulo 8 examina o papel das estruturas de governação, dos instrumentos políticos e dos esforços de colaboração na resposta aos desafios da sustentabilidade, garantindo resultados equitativos e promovendo um futuro resiliente.

## Importância da governação para a sustentabilidade

1. **Integração de políticas**: As abordagens de governação integrada alinham as políticas ambientais, económicas e sociais para promover os objectivos de desenvolvimento sustentável (ODS) e equilibrar prioridades concorrentes.
2. **Quadros regulamentares**: A adoção e aplicação de regulamentos, normas e incentivos encorajam as empresas, os governos e as comunidades a adotar práticas e tecnologias sustentáveis.
3. **Envolvimento das partes interessadas**: Os processos inclusivos de tomada de decisões que envolvem governos, sociedade civil, empresas, universidades e comunidades indígenas garantem que diversas perspectivas são consideradas no desenvolvimento e implementação de políticas.

## Instrumentos de política para a sustentabilidade

1. **Precificação do carbono**: A implementação de impostos sobre o carbono ou de sistemas de cap-and-trade internaliza os custos ambientais, incentiva a redução das emissões e impulsiona o investimento em tecnologias com baixo teor de carbono.
2. **Subsídios e incentivos**: A concessão de incentivos financeiros, subsídios e reduções fiscais para projectos de energias renováveis, práticas agrícolas sustentáveis e tecnologias energeticamente eficientes acelera a adoção e a transformação do mercado.
3. **Rótulo ecológico e certificação**: Os sistemas de rotulagem ecológica certificam produtos e serviços com base em critérios de desempenho ambiental, permitindo que os consumidores façam escolhas informadas e sustentáveis.

## Cooperação e parcerias internacionais

1. **Acordos Multilaterais**: Os acordos internacionais, como o Acordo de Paris sobre as alterações climáticas e a Convenção sobre a Diversidade Biológica (CDB), estabelecem objectivos globais, promovem a partilha de conhecimentos e coordenam a ação colectiva.
2. **Plataformas e iniciativas globais**: Plataformas como o Programa das Nações Unidas para o Ambiente (PNUA), os Objectivos de Desenvolvimento Sustentável (ODS) e as alianças regionais facilitam a colaboração, a criação de capacidades e a mobilização de recursos para a sustentabilidade.
3. **Transferência de tecnologia e desenvolvimento de capacidades**: Facilitar a transferência de tecnologia, o intercâmbio de conhecimentos e as iniciativas de reforço de capacidades apoia os países em desenvolvimento na implementação de práticas sustentáveis e na realização dos ODS.

## Responsabilidade das empresas e envolvimento do sector privado

1. **Relatórios de sustentabilidade das empresas**: A divulgação obrigatória de práticas ambientais, sociais e de governação (ESG) por parte das empresas promove a transparência, a responsabilização e uma conduta empresarial responsável.
2. **Finanças sustentáveis**: A integração de critérios ambientais, sociais e de governação (ESG) nas decisões de investimento mobiliza o capital do sector privado para projectos sustentáveis e tecnologias ecológicas.
3. **Parcerias Público-Privadas (PPP)**: A colaboração com parceiros do sector privado em projectos de infra-estruturas sustentáveis, centros de inovação e iniciativas comunitárias potencia a experiência, os recursos e a inovação para o desenvolvimento sustentável.

## Desafios e oportunidades

1. **Coerência das políticas**: Assegurar a coerência entre as políticas nacionais, regionais e mundiais, colmatar as lacunas de governação e ultrapassar os obstáculos regulamentares às transições para a sustentabilidade.
2. **Financiamento do desenvolvimento sustentável**: Mobilizar recursos financeiros suficientes, colmatar as lacunas de investimento e explorar mecanismos de financiamento inovadores (por exemplo, obrigações verdes, investimento de impacto) para projectos de desenvolvimento sustentável.

3. **Abordar a desigualdade**: Promover o crescimento inclusivo, abordar as disparidades socioeconómicas e assegurar que as comunidades marginalizadas beneficiam equitativamente das iniciativas de desenvolvimento sustentável.

## Questões emergentes em matéria de governação e sustentabilidade

1. **Resiliência e adaptação**: Reforçar a resiliência aos impactes climáticos, melhorar a preparação para catástrofes e integrar estratégias de adaptação nos planos de desenvolvimento nacionais e locais.
2. **Governação digital**: Tirar partido das tecnologias digitais para uma governação transparente, a participação dos cidadãos e a tomada de decisões baseada em dados nos esforços de sustentabilidade.
3. **Considerações éticas**: Abordagem de dilemas éticos, garantia de justiça social, respeito pelos direitos humanos e promoção de padrões éticos em inovações tecnológicas e práticas de sustentabilidade.

## Conclusão

A governação, os quadros políticos e a cooperação internacional são factores fundamentais para o desenvolvimento sustentável, moldando os caminhos para um futuro resiliente, equitativo e próspero. Ao fomentar a vontade política, reforçar a capacidade institucional e promover parcerias de colaboração, podemos acelerar o progresso no sentido de alcançar os objectivos globais de sustentabilidade e garantir um planeta próspero para as gerações futuras.

## Capítulo 9: Ação individual e colectiva para uma mudança sustentável

A ação individual e colectiva é indispensável para impulsionar a mudança transformadora no sentido da sustentabilidade. O Capítulo 9 explora o papel fundamental dos movimentos de base, da capacitação da comunidade e da cidadania global na promoção de práticas sustentáveis, no fomento da resiliência e na construção de um mundo mais equitativo e próspero.

### O poder da ação individual

1. **Escolhas do consumidor**: Tomar decisões informadas sobre o que compramos, comemos e consumimos pode reduzir a nossa pegada ecológica. A escolha de produtos de origem sustentável, a minimização dos plásticos de utilização única e o apoio a empresas locais e amigas do ambiente promovem padrões de consumo sustentáveis.
2. **Conservação de energia**: A adoção de hábitos de poupança de energia, como a utilização de aparelhos energeticamente eficientes, a redução de cargas de energia fantasma e a otimização dos sistemas de aquecimento e refrigeração das casas, reduz o consumo de energia e as emissões de gases com efeito de estufa.
3. **Transportes**: Optar por transportes públicos, partilhar o carro, andar de bicicleta ou a pé em vez de conduzir sozinho reduz as emissões de carbono, alivia o congestionamento do tráfego e promove estilos de vida mais saudáveis.

### Envolvimento da comunidade e movimentos de base

1. **Iniciativas locais**: A participação em hortas comunitárias, acções de limpeza locais e projectos de sustentabilidade de bairro fomenta a resiliência da comunidade, promove a coesão social e melhora a gestão ambiental local.
2. **Educação ambiental**: Educar as comunidades sobre a conservação da biodiversidade, a redução de resíduos e as práticas de vida sustentáveis permite que os indivíduos tomem medidas colectivas e defendam a mudança de políticas.
3. **Defesa e ativismo**: Aderir a organizações ambientais, participar em manifestações, assinar petições e envolver-se em campanhas de defesa amplificam as vozes em prol da justiça ambiental, da ação climática e da sustentabilidade.

**Responsabilidade empresarial e institucional**

1. **Práticas de sustentabilidade empresarial**: A responsabilização das empresas por práticas éticas, transparência nas cadeias de abastecimento e iniciativas de responsabilidade social das empresas (RSE) incentiva modelos empresariais sustentáveis e um consumo responsável.
2. **Instituições de ensino**: A integração da sustentabilidade nos currículos escolares, a promoção da investigação sobre soluções ambientais e o fomento da liderança sustentável entre os estudantes preparam as gerações futuras para enfrentar os desafios globais.
3. **Envolvimento do Governo**: A responsabilização dos governos pela implementação e aplicação de regulamentos ambientais, o apoio a políticas de energias renováveis e o investimento em infra-estruturas sustentáveis aumentam a confiança e a responsabilização do público.

**Cidadania global e impacto coletivo**

1. **Solidariedade internacional**: O apoio a campanhas, iniciativas e parcerias globais (por exemplo, Hora do Planeta, Dia da Terra, Greves Globais pelo Clima) amplifica a ação colectiva e demonstra solidariedade para com os objectivos globais de sustentabilidade.
2. **Liderança Juvenil**: Capacitar os jovens como agentes de mudança através de organizações lideradas por jovens, cimeiras climáticas para jovens e plataformas de envolvimento de jovens mobiliza soluções inovadoras e promove o diálogo intergeracional sobre sustentabilidade.
3. **Colaboração intersectorial**: A criação de parcerias entre sectores - governo, empresas, universidades, sociedade civil - promove soluções de colaboração, partilha conhecimentos e recursos e aumenta o impacto no sentido de alcançar os objectivos de desenvolvimento sustentável.

**Superar os desafios e aproveitar as oportunidades**

1. **Mudança de comportamento**: Para ultrapassar a inércia, fomentar a mudança de comportamentos e promover estilos de vida sustentáveis, é necessária uma educação contínua, campanhas de sensibilização e incentivos para escolhas sustentáveis.
2. **Equidade e Inclusão**: Abordar as desigualdades sociais, promover a diversidade, a equidade e a inclusão nos esforços de sustentabilidade garante que as comunidades marginalizadas beneficiem e contribuam para o desenvolvimento sustentável.

3. **Inovação tecnológica**: A adoção de tecnologias de ponta, soluções digitais e centros de inovação democratiza o acesso a práticas sustentáveis, impulsiona o crescimento económico e promove o desenvolvimento inclusivo.

**Conclusão**

As acções individuais e colectivas são catalisadoras de mudanças transformadoras no sentido da sustentabilidade, moldando comunidades resistentes, promovendo a gestão ambiental e promovendo o bem-estar global. Aproveitando o poder dos movimentos de base, fomentando a cidadania global e promovendo a colaboração entre sectores, podemos construir um futuro sustentável que não deixe ninguém para trás.

## Capítulo 10: Tendências emergentes e orientações futuras em matéria de sustentabilidade

O Capítulo 10 explora o panorama em evolução da sustentabilidade, destacando as tendências emergentes, as inovações, os desafios e as oportunidades que irão moldar o futuro dos esforços globais de sustentabilidade. Examina a forma como os avanços tecnológicos, as mudanças nos valores sociais e a evolução dos desafios ambientais estão a influenciar a trajetória para um mundo sustentável e inclusivo.

### Inovações tecnológicas que moldam a sustentabilidade

1. **Avanços nas energias renováveis**: Os avanços contínuos nas tecnologias de energia solar, eólica e outras energias renováveis estão a tornar a energia limpa mais económica, acessível e escalável a nível mundial. As inovações nas soluções de armazenamento de energia e na integração da rede estão a aumentar a fiabilidade e a resiliência.
2. **Digitalização e tecnologias inteligentes**: A integração das tecnologias digitais, da Internet das Coisas (IoT), da inteligência artificial (IA) e da cadeia de blocos está a otimizar a gestão dos recursos, a melhorar a eficiência dos sistemas de energia, água e resíduos e a permitir um planeamento urbano e infra-estruturas mais inteligentes.
3. **Soluções de economia circular**: As inovações nas tecnologias de reciclagem, nos biomateriais e na gestão do ciclo de vida dos produtos estão a promover os princípios da economia circular, a reduzir a produção de resíduos e a fomentar padrões de consumo e produção sustentáveis.

### Resiliência e adaptação às alterações climáticas

1. **Agricultura inteligente face ao clima**: A adoção de culturas resistentes ao clima, de técnicas agrícolas de precisão e de práticas sustentáveis de gestão dos solos está a aumentar a produtividade agrícola, a segurança alimentar e a resistência aos impactos climáticos.
2. **Soluções naturais e baseadas na natureza**: A recuperação e a conservação de ecossistemas naturais, como florestas, zonas húmidas e zonas costeiras, devido aos seus benefícios em termos de biodiversidade, sequestro de carbono e resiliência, estão a ganhar força como estratégia de adaptação às alterações climáticas.

3. **Sistemas de informação climática e de alerta precoce**: A melhoria da modelação climática, das tecnologias de satélite e dos sistemas de alerta precoce está a melhorar a preparação e a resposta a fenómenos meteorológicos extremos, reduzindo os riscos e protegendo as comunidades vulneráveis.

**Transformações sociais e culturais**

1. **Estilos de vida sustentáveis**: A crescente sensibilização e a adoção de hábitos de consumo sustentáveis, o minimalismo e o consumismo ético estão a reformular as normas sociais no sentido de uma vida mais consciente e responsável.
2. **Ativismo e liderança juvenis**: Os movimentos liderados por jovens, o ativismo e a defesa da ação climática e da justiça ambiental estão a influenciar as agendas políticas, a impulsionar a inovação e a inspirar a solidariedade global para a sustentabilidade.
3. **Conhecimento indígena e práticas tradicionais**: A integração de sistemas de conhecimentos indígenas, de conhecimentos ecológicos tradicionais e de práticas de gestão baseadas na comunidade em iniciativas de sustentabilidade promove a resiliência, a conservação da biodiversidade e a preservação do património cultural.

**Desafios políticos e de governação**

1. **Cooperação global e alinhamento de políticas**: A resolução das lacunas de governação, o reforço da cooperação internacional e o alinhamento das políticas nacionais com os quadros globais de sustentabilidade, como os Objectivos de Desenvolvimento Sustentável (ODS) e o Acordo de Paris, são fundamentais para alcançar os objectivos colectivos.
2. **Quadros regulamentares e mecanismos de mercado**: O reforço dos quadros regulamentares, a implementação de mecanismos de fixação de preços do carbono e o incentivo a investimentos sustentáveis são essenciais para impulsionar a mudança sistémica e aumentar a escala das soluções sustentáveis.
3. **Equidade e inclusão**: Garantir o acesso equitativo aos recursos, abordar as disparidades socioeconómicas e promover a justiça social nos esforços de sustentabilidade são imperativos para alcançar resultados de desenvolvimento inclusivos e sustentáveis.

**Transformações económicas e empresariais**

1. **Sustentabilidade empresarial e integração de ESG**: O aumento da responsabilidade das empresas, a transparência nas cadeias de abastecimento e a integração de critérios ambientais, sociais e de

governação (ESG) nas práticas empresariais estão a acelerar a transição para modelos empresariais sustentáveis.

2. **Financiamento e investimento ecológicos**: O aumento dos investimentos em tecnologias verdes, infra-estruturas sustentáveis e projectos resistentes às alterações climáticas através de obrigações verdes, investimentos de impacto e mecanismos de financiamento inovadores é crucial para o financiamento do desenvolvimento sustentável.
3. **Modelos de negócio de economia circular**: A adoção de princípios da economia circular, como o produto como serviço (PaaS), as economias de partilha e os sistemas de ciclo fechado, está a transformar as operações comerciais, reduzindo a dependência de recursos e minimizando o impacto ambiental.

## Desafios e oportunidades no horizonte

1. **Acelerar a ação climática**: É necessária uma ação urgente para mitigar as alterações climáticas, reduzir as emissões de gases com efeito de estufa e limitar o aquecimento global a menos de 2°C para evitar impactos catastróficos nos ecossistemas, nas economias e no bem-estar humano.
2. **Conservação da Biodiversidade**: Proteger e restaurar a biodiversidade, os ecossistemas e os habitats naturais é essencial para apoiar ecossistemas resilientes, garantir serviços ecossistémicos e salvaguardar a biodiversidade para as gerações futuras.
3. **Construir Comunidades Resilientes e Inclusivas**: O reforço da capacidade de resistência das comunidades, a promoção da coesão social e a resolução das vulnerabilidades, em especial das populações marginalizadas e vulneráveis, são cruciais para alcançar um desenvolvimento sustentável e inclusivo.

## Conclusão

À medida que navegamos em direção a um futuro sustentável, será fundamental abraçar a inovação, fomentar a colaboração entre sectores e fronteiras e capacitar os indivíduos e as comunidades para agirem. Ao enfrentarmos os desafios emergentes, aproveitarmos as oportunidades e avançarmos com soluções transformadoras, podemos criar coletivamente um mundo onde a prosperidade é equilibrada com a gestão ambiental e a equidade social.

Concluímos assim a nossa exploração da paisagem em evolução da sustentabilidade. Cada capítulo iluminou diferentes facetas da nossa viagem em direção a um mundo sustentável e inclusivo.

## Capítulo 11: Desafios e obstáculos à consecução da sustentabilidade

O Capítulo 11 analisa os desafios, barreiras e obstáculos críticos que impedem o progresso no sentido de alcançar a sustentabilidade. Explora a complexa interação de factores socioeconómicos, lacunas políticas, barreiras institucionais e dinâmicas globais que colocam obstáculos significativos na nossa busca de um futuro sustentável.

### Compreender os desafios

1. **Degradação ambiental**: Abordagem de questões como a desflorestação, a perda de biodiversidade, a poluição e a destruição de habitats que ameaçam os ecossistemas e comprometem a saúde do planeta.
2. **Impactos das alterações climáticas**: Atenuar as emissões de gases com efeito de estufa, adaptar-se aos impactos climáticos e fazer a transição para uma economia com baixo teor de carbono num contexto de aumento das temperaturas globais, fenómenos meteorológicos extremos e subida do nível do mar.
3. **Esgotamento de recursos**: Gestão sustentável de recursos finitos, como a água, os minerais e os combustíveis fósseis, para satisfazer as necessidades actuais e futuras sem comprometer a integridade ecológica.

### Factores socioeconómicos

1. **Desigualdade e pobreza**: Abordar as disparidades socioeconómicas, garantir o acesso equitativo aos recursos e às oportunidades e apoiar as comunidades marginalizadas para promover o desenvolvimento inclusivo.
2. **Padrões de consumo**: Mudança de hábitos de consumo insustentáveis para padrões de consumo e produção responsáveis que minimizem a produção de resíduos e o impacto ambiental.
3. **Crescimento da população**: Gerir o crescimento da população, as tendências de urbanização e as exigências de consumo para aliviar a pressão sobre os recursos naturais e os ecossistemas.

### Desafios políticos e de governação

1. **Coerência das políticas**: Alcançar a coerência entre políticas nacionais, regionais e globais para alinhar com os objectivos de sustentabilidade, abordar questões transversais e ultrapassar barreiras regulamentares.

2. **Lacunas na aplicação**: Colmatar o fosso entre a formulação de políticas e a sua aplicação efectiva, assegurar a aplicação da regulamentação ambiental e promover a responsabilização.
3. **Curto prazo vs. Sustentabilidade a longo prazo**: Equilibrar os interesses económicos a curto prazo com os objectivos de sustentabilidade a longo prazo, defendendo investimentos no desenvolvimento sustentável que produzam benefícios duradouros.

**Barreiras tecnológicas e à inovação**

1. **Prontidão tecnológica**: Ultrapassar as barreiras tecnológicas, garantir a acessibilidade e a acessibilidade dos preços das tecnologias sustentáveis e aumentar as inovações para conseguir uma adoção generalizada.
2. **Investigação e desenvolvimento**: Investir na investigação, no desenvolvimento e na inovação para soluções sustentáveis, promovendo descobertas no domínio das energias renováveis, das tecnologias limpas e da resiliência climática.
3. **Desafios das infra-estruturas e do investimento**: Mobilizar recursos financeiros, atrair investimentos ecológicos e construir infra-estruturas sustentáveis para apoiar as transições para economias com baixas emissões de carbono.

**Dinâmica global e colaboração**

1. **Cooperação internacional**: Reforçar as parcerias globais, fomentar a colaboração em questões transfronteiriças e promover o intercâmbio de conhecimentos para enfrentar os desafios globais em matéria de sustentabilidade.
2. **Tensões geopolíticas**: Navegar nas complexidades geopolíticas, nas soluções de compromisso entre interesses económicos e conservação do ambiente e promover esforços diplomáticos para uma ação colectiva.
3. **Diplomacia climática**: Promoção da diplomacia climática, negociação de acordos internacionais e cumprimento dos objectivos climáticos globais para atenuar as alterações climáticas e proteger as comunidades vulneráveis.

**Envolvimento e capacitação da comunidade**

1. **Conhecimento e participação local**: Aproveitar o conhecimento local, as iniciativas orientadas para a comunidade e as abordagens participativas para o desenvolvimento sustentável que capacitam as comunidades e criam resiliência.

2. **Educação e sensibilização**: Reforçar a literacia ambiental, promover a sensibilização para as questões da sustentabilidade e fomentar a mudança de comportamentos através da educação, da comunicação e do envolvimento do público.
3. **Sociedade Civil e Advocacia**: Reforçar as organizações da sociedade civil, apoiar os esforços de sensibilização e mobilizar os movimentos de base para influenciar as decisões políticas e promover mudanças sustentáveis.

## Superação de barreiras e caminhos a seguir

1. **Financiamento inovador**: Exploração de mecanismos de financiamento inovadores, obrigações verdes e estratégias de investimento sustentável para mobilizar capital para projectos de desenvolvimento sustentável.
2. **Inovação política**: Promover a governação adaptativa, a inovação política e as reformas regulamentares que incentivem práticas sustentáveis, promovam o crescimento verde e criem ambientes propícios à sustentabilidade.
3. **Soluções colaborativas**: Realçar a colaboração entre vários intervenientes, as parcerias público-privadas e as iniciativas intersectoriais que potenciam as competências e os recursos colectivos para enfrentar desafios complexos em matéria de sustentabilidade.

## Conclusão

Enfrentar os desafios e os obstáculos à sustentabilidade exige uma ação colectiva, vontade política e mudanças transformadoras em todos os sectores e sociedades. Abordando as dimensões ambiental, social e económica de forma holística, promovendo a inovação e reforçando a cooperação global, podemos ultrapassar os obstáculos e preparar o caminho para um futuro sustentável que garanta a prosperidade de todos, preservando simultaneamente o planeta para as gerações futuras.

Este capítulo serve como um apelo à ação para enfrentar os desafios de frente, abraçar as oportunidades de mudança e comprometer-se com uma visão partilhada da sustentabilidade.

## Capítulo 12: Rumo a um futuro sustentável

Neste capítulo final, reflectimos sobre a jornada rumo à sustentabilidade, destacando as principais ideias, lições aprendidas e a visão colectiva para um futuro sustentável. Este capítulo resume os desafios, as realizações e as aspirações que moldaram a nossa compreensão e o nosso empenhamento na promoção de um mundo resiliente, equitativo e próspero para as gerações actuais e futuras.

### Reflexão sobre os progressos realizados

1. **Marcos alcançados**: Celebrar os sucessos na adoção de energias renováveis, esforços de conservação da biodiversidade, projectos de desenvolvimento sustentável e colaboração global para alcançar os Objectivos de Desenvolvimento Sustentável (ODS).
2. **Lições aprendidas**: Reconhecer os desafios enfrentados, incluindo as disparidades socioeconómicas, as lacunas políticas e a degradação ambiental, e aprender com os reveses para informar futuras estratégias e acções.
3. **Impacto da ação colectiva**: Reconhecer o poder das acções individuais, das iniciativas comunitárias, da responsabilidade empresarial e da cooperação internacional na condução da mudança sistémica para a sustentabilidade.

### Principais temas e percepções

1. **Interligação da sustentabilidade**: Compreender as interligações entre a conservação do ambiente, a equidade social, a prosperidade económica e a diversidade cultural como componentes integrais do desenvolvimento sustentável.
2. **Inovação e tecnologia**: Adotar os avanços tecnológicos, as soluções digitais e as práticas inovadoras para acelerar o progresso nas energias renováveis, na economia circular, na resiliência climática e na urbanização sustentável.
3. **Política e governação**: Reforçar os quadros de governação, aumentar a coerência das políticas e promover parcerias globais para enfrentar desafios globais como as alterações climáticas, a perda de biodiversidade e o esgotamento dos recursos.

### Prioridades de ação emergentes

1. **Ação climática**: Intensificar os esforços para atenuar as alterações climáticas, adaptar-se aos seus impactos e fazer a transição para um futuro com baixas emissões de carbono e resistente às alterações climáticas através de objectivos ambiciosos, do reforço do

financiamento da luta contra as alterações climáticas e da cooperação internacional.

2. **Biodiversidade e conservação dos ecossistemas**: Proteger e restaurar os ecossistemas, conservar a biodiversidade e promover práticas sustentáveis de utilização dos solos para salvaguardar os recursos naturais e os serviços dos ecossistemas.
3. **Inclusão social e equidade**: Promover o crescimento inclusivo, reduzir as desigualdades e garantir que o desenvolvimento sustentável beneficie todas as pessoas, especialmente as comunidades vulneráveis e marginalizadas.

**Caminhos para a sustentabilidade**

1. **Educação e sensibilização**: Reforçar a literacia ambiental, promover estilos de vida sustentáveis e capacitar os indivíduos e as comunidades para se tornarem agentes de mudança através de iniciativas de educação, sensibilização e reforço de capacidades.
2. **Parcerias e colaboração**: Fomentar parcerias intersectoriais, envolver diversas partes interessadas e promover o diálogo entre as várias partes interessadas para promover a inovação, partilhar conhecimentos e mobilizar recursos para o desenvolvimento sustentável.
3. **Resiliência e adaptação**: Criar resiliência aos impactos climáticos, melhorar a preparação para catástrofes e integrar estratégias de adaptação no planeamento do desenvolvimento para garantir que as comunidades e os ecossistemas possam resistir e recuperar de choques.

**Apelo à ação**

1. **Recomendações de políticas**: Defender quadros políticos sólidos, medidas regulamentares e mecanismos de incentivo que dêem prioridade à sustentabilidade, enfrentem os desafios ambientais e promovam o crescimento verde.
2. **Liderança empresarial**: Incentivar as empresas a adotar práticas sustentáveis, integrar considerações ambientais e sociais nas suas operações e investir em tecnologias que apoiem os objectivos de sustentabilidade.
3. **Cidadania global**: Inspirar a cidadania global, fomentar um sentido de responsabilidade colectiva e mobilizar indivíduos, comunidades e governos para se comprometerem com práticas sustentáveis e contribuírem para uma visão partilhada de um futuro sustentável.

**Conclusão**

Ao concluirmos a nossa exploração da sustentabilidade, é evidente que as nossas acções colectivas de hoje irão moldar o mundo de amanhã. Ao abraçar a inovação, promover a colaboração e dar prioridade ao bem-estar das pessoas e do planeta, podemos abrir caminho para um futuro sustentável em que a prosperidade, a equidade e a gestão ambiental prosperem lado a lado.

## Capítulo 13: Perspetiva de um futuro sustentável

O Capítulo 13 apresenta uma visão para um futuro sustentável, explorando aspirações, objectivos e estratégias para alcançar um equilíbrio harmonioso entre a gestão ambiental, a equidade social e a prosperidade económica. Descreve os caminhos para uma mudança transformadora, salientando a importância da inovação, da colaboração e da ação colectiva na formação de uma comunidade global resiliente e próspera.

### Uma visão para a sustentabilidade

1. **Saúde Planetária e Integridade Ecológica**: Dar prioridade à conservação e recuperação dos ecossistemas, da biodiversidade e dos recursos naturais para salvaguardar a saúde e a resiliência do planeta.
2. **Resiliência e atenuação das alterações climáticas**: Acelerar os esforços para atenuar os impactos das alterações climáticas, reduzir as emissões de gases com efeito de estufa e fazer a transição para fontes de energia renováveis, a fim de limitar o aquecimento global e reforçar a resiliência climática.
3. **Economia circular e consumo sustentável**: Adotar os princípios da economia circular, promover padrões de produção e consumo sustentáveis e minimizar a produção de resíduos para criar uma economia regenerativa.

### Equidade social e desenvolvimento inclusivo

1. **Acesso equitativo aos recursos**: Garantir o acesso equitativo à água potável, à segurança alimentar, aos cuidados de saúde, à educação e às oportunidades económicas para todas as pessoas, em especial para as comunidades marginalizadas e vulneráveis.
2. **Capacitação das comunidades**: Capacitar as comunidades através da tomada de decisões participativas, de estruturas de governação inclusivas e de iniciativas de reforço das capacidades que promovam a resiliência e a coesão social.
3. **Promoção dos direitos humanos e da justiça**: Defender os direitos humanos, promover a igualdade entre os sexos, abordar as

disparidades socioeconómicas e promover a justiça social como componentes integrais do desenvolvimento sustentável.

**Inovação e tecnologia para a sustentabilidade**

1. **Tecnologias verdes**: Aproveitar as inovações em matéria de energias renováveis, transportes limpos, agricultura sustentável e tecnologias eficientes em termos de recursos para impulsionar o crescimento económico sustentável e a conservação do ambiente.

2. **Transformação digital**: Aproveitar a digitalização, a inteligência artificial (IA), a análise de grandes volumes de dados e as tecnologias inteligentes para otimizar a gestão de recursos, aumentar a eficiência e promover a urbanização sustentável.

3. **Investigação e desenvolvimento**: Investir em investigação, desenvolvimento e inovação para soluções sustentáveis, incluindo estratégias de adaptação às alterações climáticas, materiais ecológicos e tecnologias de reforço da resiliência.

**Colaboração global e diplomacia**

1. **Cooperação internacional**: Reforçar as parcerias internacionais, fomentar a cooperação em questões transfronteiriças e promover a partilha de conhecimentos para enfrentar coletivamente os desafios da sustentabilidade global.

2. **Esforços diplomáticos**: Fazer avançar a diplomacia climática, negociar acordos internacionais e honrar compromissos no âmbito de quadros globais como o Acordo de Paris e os Objectivos de Desenvolvimento Sustentável (ODS).

3. **Responsabilidade e obrigação de prestar contas das empresas**

4. **Sustentabilidade empresarial**: Incentivar as empresas a adotar práticas sustentáveis, integrar critérios ambientais, sociais e de governação (ESG) nas estratégias empresariais e dar prioridade a uma conduta empresarial ética.

5. **Responsabilidade e Transparência**: Promover a transparência empresarial, a responsabilidade pelos impactos ambientais e as práticas éticas da cadeia de abastecimento para criar confiança e credibilidade nos esforços de sustentabilidade empresarial.

6. **Parcerias inclusivas**: Promover parcerias público-privadas, apoiar as pequenas e médias empresas (PME) na adoção de práticas sustentáveis e mobilizar investimentos do sector privado para projectos de desenvolvimento sustentável.

**Educação, consciencialização e capacitação**

1. **Literacia ambiental**: Promover a educação ambiental, aumentar a sensibilização para as questões da sustentabilidade e capacitar os indivíduos para tomarem decisões informadas e agirem no sentido da sustentabilidade.
2. **Envolvimento dos jovens**: Capacitar os jovens como agentes de mudança, apoiar iniciativas lideradas por jovens e fomentar a liderança no desenvolvimento sustentável para impulsionar a inovação e a sensibilização.
3. **Envolvimento da comunidade**: Reforçar a resiliência da comunidade, fomentar a apropriação local de iniciativas de desenvolvimento sustentável e promover movimentos de base para a gestão ambiental.

**Conclusão**

A visão de um futuro sustentável exige compromissos corajosos, acções transformadoras e colaboração transfronteiriça, setorial e geracional. Ao adotar uma abordagem holística que integre a proteção ambiental, a equidade social e a prosperidade económica, podemos criar um mundo onde a humanidade prospere dentro dos limites do planeta.

Este capítulo serve como um apelo à ação para que decisores políticos, empresas, organizações da sociedade civil, universidades e indivíduos trabalhem em conjunto para uma visão partilhada da sustentabilidade. Ao darmos prioridade à sustentabilidade na tomada de decisões, ao investirmos em soluções inovadoras e ao promovermos um desenvolvimento inclusivo e equitativo, podemos abrir caminho para um futuro resiliente e próspero para todos.

Embarquemos nesta viagem rumo a um futuro sustentável com determinação, otimismo e determinação colectiva.

**Referências:**


1. Dantsis, T.; Loumou, A.; Giourga, C. Abordagem da agricultura biológica à sustentabilidade; a sua relação com o complexo agroindustrial, um estudo de caso na Macedónia Central, Grécia. *J. Agric. Environ. Ethics* **2009**, *22*, 197-216.

2. Allahyari, M.S. Mecanismos de extensão para apoiar a agricultura sustentável no contexto do Irão. *Am. J. Agric. Biol. Sci.* **2008**, *3*, 647-655.

3. Tatlidil, F.; Boz, I.; Tatlidil, H. A perceção dos agricultores sobre a agricultura sustentável e os seus determinantes: Um estudo de caso na província de Kahramanmaraş, na Turquia. *Environ. Dev. Sustain.* **2008**, *11*, 1091-1106.

4. Ansari, S.A.; Tabassum, S. A New Perspective on the Adoption of Sustainable Agricultural Practices: A Review. *Curr. Agric. Res. J.* **2018**, *6*, 157-165.

5. Williams, J.; Alter, T.; Shrivastava, P. Systemic governance of sustainable agriculture: Implementação dos objectivos de desenvolvimento sustentável e de uma agricultura respeitadora do clima. *Outlook Agric.* **2018**, *47*, 192-195.

6. Kotile, D.G. Percepções sobre práticas agrícolas sustentáveis associadas à gestão de infestantes: Implications for Agricultural Extension Education. Tese de doutoramento, Iowa State University, Ames, IA, EUA, 1998.

7. Chizari, M.; Lindner, J.R.; Zoghie, M. Percepções dos agentes de extensão sobre a agricultura sustentável na província de Khorasan, Irão. *J. Agric. Educ. Ext.* **1999**, *6*, 13-21.

8. Brodt, S.; Feenstra, G.; Kozloff, R.; Klonsky, K.; Tourte, L. Farmer-community connections and the future of ecological agriculture in California. *Agric. Human Values* **2006**, *23*, 75-88.

9. Pretty, J. Agricultural sustainability: Concepts, principles and evidence. *Philos. Trans. R. Soc. B* **2008**, *363*, 447-465. Tilman, D.; Cassman, K.G.; Matson, P.A.; Naylor, R.; Polasky, S. Agricultural sustainability and intensive production practices

(Sustentabilidade agrícola e práticas de produção intensiva). *Nature* **2002**, *418*, 671-677.

10. McCullough, E.B.; Matson, P.A. Evolução do sistema de conhecimentos para o desenvolvimento agrícola no Vale Yaqui, Sonora, México. *Proc. Natl. Acad. Sci. USA* **2016**, *113*, 4609-4614.

11. Díez Sanjuán, L.; Cussó, I.; Segura, X.; Padró, I.; Caminal, R.; Marco Lafuente, I.; Cattaneo, C.; Olarieta, J.R.; Garrabou, R.; Tello, E. Mais do que transformações energéticas: A transição histórica dos sistemas agrícolas biológicos para os industrializados numa aldeia mediterrânica (Les Oluges, Catalunha, 1860-1959-1999). *Int. J. Agric. Sustain.* **2018**, *16*, 399-417.

12. Altieri, M.A. Ligando ecologistas e agricultores tradicionais na busca de uma agricultura sustentável. *Frente. Ecol. Environ.* **2004**, *2*, 35-42.

13. Hildén, M.; Jokinen, P.; Aakkula, J. A sustentabilidade da agricultura num país industrializado do norte - Do controlo da natureza ao desenvolvimento rural. *Sustainability* **2012**, *4*, 3387-3403.

14. Yu, T.; Mahe, L.; Li, Y.; Wei, X.; Deng, X.; Zhang, D. Benefícios da rotação de culturas na resiliência climática e suas perspectivas na China. *Agronomia* **2022**, *12*, 436.

15. Khor, L.Y.; Tran, N.; Shikuku, K.M.; Campos, N.; Zeller, M. Economic and Productivity Performance of Tilapia and Rohu Carp Polyculture Systems in Bangladesh, Egypt, and Myanmar. *SocArXiv* **2022**.

16. Schellhorn, N.A.; Sork, V.L. The Impact of Weed Diversity on Insect Population Dynamics and Crop Yield in Collards, *Brassica oleraceae* (Brassicaceae). *Oecologia* **1997**, *111*, 233-240.

17. Srinivasan, R.S.; Campbell, D.E.; Wang, W. Renewable Substitutability Index: Maximizando o uso de recursos renováveis em edifícios. *Buildings* **2015**, *5*, 581-596.

18. Srinivasan, R.S.; Braham, W.W.; Campbell, D.P.; Curcija, C.D. Energy Balance Framework for Net Zero Energy Buildings. Em

Actas da Conferência de Simulação de inverno de 2011 (WSC), Phoenix, AZ, EUA, 11-14 de dezembro de 2011; pp. 3360-3372.

19. Jacobs, A.J.; Van Tol, J.J.; Du Preez, C.C. Farmers' Perceptions of Precision Agriculture and the Role of Agricultural Extension: A Case Study of Crop Farming in the Schweizer-Reneke Region, South Africa [Estudo de caso da agricultura de precisão na região de Schweizer-Reneke, África do Sul]. *S. Afr. J. Agric. Ext.* **2018**, *46*, 107-118.

20. Čábelková, I.; Kalyugina, S.; Shmygaleva, P. Desenvolvimento regional, políticas agrícolas e instabilidade ambiental. *SHS Web Conf.* **2021**, *128*, 03007.

21. Abuova, A.B.; Tulkubayeva, S.A.; Tulayev, Y.V.; Somova, S.V.; Kizatova, M.Z. Desenvolvimento sustentável da produção agrícola com elementos de agricultura de precisão no norte do Cazaquistão. *Entrep. Sustain. Issues* **2020**, *7*, 3200-3214.

22. Alby, J.; Ismail, I.; Dahalan, D.; Zaremohzzabieh, Z.; Krauss, S. Insights sobre o desenvolvimento de tecnologia de visualização 3D para aumentar o envolvimento da geração Y na agricultura. *Int. J. Acad. Res. Bus. Soc. Sci.* **2021**, *11*, 185-196.

23. Cheruku, D.; Katekar, V. Harnessing Digital Agriculture Technologies for Sustainable Agriculture in India: Opportunities and Challenges. *Admin. Dev. J. HIPA Shimla* **2021**, *8*, 215-230.

24. György, K.; Rahoveanu, T.; Magdalena, M.; Takács, I. Sustainable New Agricultural Technology-Economic Aspects of Precision Crop Protection. *Procedia Econ. Financ.* **2014**, *8*, 729-736.

25. Ranjha, M.; Shafique, B.; Khalid, W.; Nadeem, H.; Mueen-ud-Din, G.; Khalid, M. Applications of Biotechnology in Food and Agriculture: A Mini-Review. *Proc. Natl. Acad. Sci. India Sect. B Biol. Sci.* **2022**, *92*, 11-15.

26. Zilberman, D.; Yarkin, C.; Heiman, A. Agricultural Biotechnology: Economic and International Implications. Em Food *Security, Diversification and Resource Management: Refocusing the Role of Agriculture?* Routledge: Londres, Reino Unido, 2018; pp. 144-161.

27. Odidi, O.; Ekwunife, C.F.; Igwemeka, E.C.; Eje, G.C. The Prospects of Agricultural Biotechnology to Engender Economic Growth in Nigeria (As Perspectivas da Biotecnologia Agrícola para Promover o Crescimento Económico na Nigéria). *Int. J. Manag. Enterp. Dev.* **2022**, *4*, 308-314.

28. Hansson, S.O. A Science-Informed Ethics for Agricultural Biotechnology. *Crop Breed. Genet. Genom.* **2019**, *1*, e190006.

29. Handayani, I.; Hale, C. Healthy Soils for Productivity and Sustainable Development in Agriculture (Solos saudáveis para a produtividade e o desenvolvimento sustentável na agricultura). *IOP Conf. Ser. Earth Environ. Sci.* **2022**, *1018*, 012038.

30. Scherr, S.J.; McNeely, J.A. Biodiversity Conservation and Agricultural Sustainability: Towards a New Paradigm of 'Ecoagriculture' Landscapes (Para um Novo Paradigma de Paisagens de 'Ecoagricultura'). *Philos. Trans. R. Soc. B Biol. Sci.* **2008**, *363*, 477-494.

31. Rodríguez, B.; Durán-Zuazo, V.; Soriano, M.; García-Tejero, I.; Ruiz, B.; Tavira, S. Conservation Agriculture as a Sustainable System for Soil Health: A Review. *Soil Syst.* **2022**, *6*, 87.

32. Taha, N.; Kamel, S.; Elsakhawy, T.; Bayoumi, Y.; Omara, A.E.; El-Ramady, H.R. Sustainable Approaches of Trichoderma under Changing Environments for Vegetable Production. *Environ. Biodivers. Soil Secur.* **2020**, *4*, 291-311.

33. Dev, P.; Khandelwal, S.; Yadav, S.C.; Arya, V.; Mali, H.R.; Yadav, K.K. Conservation Agriculture for Sustainable Agriculture. *Int. J. Plant Soil Sci.* **2023**, *35*, 1.

34. Sultana, M.M.; Kibria, M.G.; Jahiruddin, M.; Abedin, M.A. Composting Constraints and Prospects in Bangladesh: A Review. *J. Geosci. Environ. Prot.* **2020**, *8*, 126.

35. Batista, F.; Lourenço, P.; da Cruz, V.F.; Silva, L.L.; Silva, J.R.; Correia, M.; Papadakis, G.; Dimitriou, E.; Picuno, P. Boas Práticas de Agricultura Sustentável para Programas de Mestrado. Em Actas do 10º Congresso Ibérico de Agroengenharia, Huesca, Espanha, 3-6 de setembro de 2019; pp. 296-304.

Printed by Books on Demand GmbH, Norderstedt / Germany